Bibliografische Information der Deutschen Nationalbibliothek:

Die Deutsche Bibliothek verzeichnet diese Publikation in der Deutschen National-
bibliografie; detaillierte bibliografische Daten sind im Internet über http://dnb.d-
nb.de/ abrufbar.

Impressum:

Copyright © 2013 GRIN Verlag, Open Publishing GmbH
Druck und Bindung: Books on Demand GmbH, Norderstedt Germany
ISBN: 9783668156159

Dieses Buch bei GRIN:

http://www.grin.com/de/e-book/315616/ernaehrungsberatung-unter-einbezug-des-
grow-modells

Carolin Schricker

Ernährungsberatung unter Einbezug des GROW-Modells

Erklärung des Coaching-Prozesses

GRIN Verlag

Deutsche Hochschule für
Prävention und Gesundheitsmanagement
Hermann Neuberger Sportschule 3
66123 Saarbrücken

<u>Bitte ankreuzen:</u>

__x__   **Hausarbeit**

—   **Skript**

Fachmodul:	Ernährungspsychologie
Studiengang:	Bachelor of Arts in Ernährungsberatung
Version Studienbrief*:	**Februar 2012, v7.0**

(*Datum des Vorwortes, Versionsnummer in Fußzeile des Studienbriefes)

Studienort:	**Saarbrücken**
Name, Vorname:	Steude, Carolin

(**nur auszufüllen bei Hausarbeiten als kollektive Gruppenarbeit)

Thema: **Durchführung einer Ernährungsberatung unter Einbezug des GROW-Modells**

Inhaltsverzeichnis

1 Einleitung

1.1 Klientencharakterisierung

1.1.1 Biometrische und allgemeine Daten

Tab. 1: Biometrische und allgemeine Daten der Klientin (eigene Darstellung)

Biometrische Daten	**Alter**	51 Jahre
	Geschlecht	weiblich
	Größe	1,63 m
	Gewicht	84 kg
	BodyMassIndex	32 entspricht Adipositas Stufe I gemäß World Health Organization (WORLD HEALTH ORGANIZATION, 2013)
	Blutdruck	99 mmHg (systolisch)/70 mmHg (diastolisch)
Allgemeine Daten	**Beruf**	Yogalehrerin
	orthopädische Probleme	sporadisch auftretende Fußgelenks- und Handgelenksschmerzen ohne eindeutige Diagnose
	internistische Probleme	keine
	Einnahme von Medikamente	keine
	Motivation	Gewichtsreduktion, möchte wieder mehr kochen und sich gesünder ernähren
	Essstörung	Binge eating disorder (Essanfälle) (vgl. BUNDESZENTRALE FÜR GESUNDHEITLICHE AUFKLÄRUNG, 2013) Overeating (chronisches Überessen) (vgl. WIKIPEDIA, 2013)

1.1.2 Personenbeschreibung

Anmerkung: Dem Umstand geschuldet, dass der Ausbildungsbetrieb eine Klinik ist, in der vorrangig Menschen mit psychosomatischen und psychischen Erkrankungen behandelt werden, gerade auch Menschen mit den bekannten Essstörungen, wird in dieser Hausarbeit eine Patientin dieser Klinik beschrieben.

Die vorliegende Klientin ist aufgrund von Verlustängsten, Erschöpfungszuständen, unbewältigten Kränkungserlebnissen, geringem Selbstvertrauen, innerer Unruhe usw. momentan krank geschrieben und in psychologischer Behandlung. Sie raucht täglich 5-8 Zigaretten, trinkt selten Alkohol und hat keine Drogen-, Suizid- oder Zwangproblematik. In den letzten zwei Jahren hat sie 15 kg zugenommen, gemäß ihrer Aussage, durch die vorliegenden psychischen Beschwerden. Seit dem letzten halben Jahr, finden regelmäßige Essanfälle statt, immer abends. Die Klientin wirkt eher ruhig, sie tritt unsicher in den Kontakt und es ist eine Sehnsucht nach Veränderung spürbar.

Müsste der Klientin ein Esstyp zugeordnet werden, würde sie hier als „gestresste Alltagsmanagerin" eingestuft werden. Sie möchte eine gesunde ausgewogene Ernährung für ihre Familie, ist zeitlich aber auch in ihrem Beruf gebunden, kommt somit in einen Konflikt und sehnt sich nach Zeit für sich.

1.1.3 Ausgangssituation und Änderungswunsch

Die Klientin fühlt sich mit den psychischen Beschwerden überfordert und kompensiert negative Gefühle durch Essen. Dadurch nahm sie in den letzten zwei Jahren insgesamt 15 kg (entspricht einer durchschnittlichen Gewichtszunahme von 1,6 kg pro Monat) zu. Im letzten halben Jahr kamen regelmäßige Essanfälle hinzu bei denen Süßigkeiten oder Eis verzehrt wurden. Diese Essanfälle sind, wenn sie auftreten, nach dem Abendessen, manchmal auch nachts. Die Klientin hat den Wunsch abzunehmen, um sich wieder attraktiver und selbstbewusster zu fühlen.

2 Coaching-Prozess

2.1 Das GROW-Modell

Das GROW-Modell nach Whitmore ((Sportpsychologe, Coach, Sachbuchautor) (vgl. WIKIPEDIA, 2012)) ist ein personenzentrierter Coachingprozess. Dieser ist ein Betreuungsprozess, bei dem es um die Erarbeitung eines Lösungsweges zusammen mit dem Klienten geht, wobei der Coach nur der Unterstützende ist und Hilfe zur Selbsthilfe gibt. Whitmore geht es um die Nachhaltigkeit der Problemlösung, ob privater oder beruflicher Natur, das heißt, dass durch Erarbeiten und Erlernen neuer Strukturen, Wege oder Ansichten eine Verhaltensänderung einhergehen soll, die dann gelebt werden soll/kann. Die gesamte Prozessdynamik ist auf die Fähigkeiten und Potentiale des Klienten abgestimmt und deswegen personenzentriert. Das GROW-Modell besteht aus den Bausteinen „Goal" (Zielsetzung), „Reality" (Analyse Ist-Situation), „Options" (Optionen) und „What" (Plan zur Umsetzung), welche in genau dieser Reihenfolge mit dem Klienten abgehandelt werden sollen und den Rahmen dieses Modells bilden. (vgl. PIETER/ALBERS, 2012, S. 205-206)

2.2 Das GROW-Modell in Anwendung

2.2.1 Goal

Zu Beginn der ersten Sitzung wurde das Coachingziel definiert. Die Ziele wurden nach der SMART-Formel (vgl. PIETER/ALBERS, 2012, S. 207) festgelegt und sind aufgrund der Komplexität der vorhandenen Problemfelder der Klientin in End- und Prozessziele aufgeteilt. Um eine Zieldefinition zu erreichen, können beispielsweise folgende Fragen gestellt werden: Was möchten Sie genau erreichen?, Was möchten Sie mindestens erreichen?, Bis wann wollen Sie Ihr Ziel erreichen? Oder Wozu wollen Sie Ihr Ziel erreichen?

Tab. 2: Übersicht der Ziele (eigene Darstellung)

Zielart	Ziel
Endziel	Ich möchte in 7 Monaten, durch Ernährungsumstellung und 3 Mal wöchentlich Sport, 24 kg abnehmen, um mich endlich wieder attraktiver und selbstbewusster zu fühlen.
Prozessziel 1	Ich möchte in 3,5 Monaten, durch Ernährungsumstellung und 3 Mal wöchentlich Sport, 12 kg abnehmen, um mein Endziel erreichen zu können.
Prozessziel 2	Ich möchte ab sofort wieder 3 fest eingeplante Mahlzeiten zu mir nehmen, um satt zu sein, somit den Essanfällen am Abend vorzubeugen, Struktur in mein Leben zu bringen und mein Endziel zu erreichen.
Prozessziel 3	Ich möchte es schaffen, bei auftretenden Essanfällen, zu Obst zu greifen anstatt zu Eis und Süßigkeiten, um mein Endziel erreichen zu können.

Diese formulierten Ziele soll die Klientin, gemäß eines „Visionboards", zuerst in ihrem Klinikzimmer aufhängen und später zuhause an einer Stelle, an der dies immer sichtbar ist. Zeitlich betrachtet, dauerte das Goalsetting 30 Minuten. Inhaltlich betrachtet, wurde die Klientin vor der Zielformulierung über die Hierarchie der kleinen Schritte und die Umsetzbarkeit der Ziele aufgeklärt sowie nach der stärksten Motivation gefragt. Somit wusste sie, dass viele kleine Ziele zur letztendlichen Zielerreichung führen und sie für diese eigenverantwortlich ist.

2.2.2 Reality

Bei der Realitätsüberprüfung geht es darum, die Ist-Situation und das zu lösende Problem so genau wie möglich zu erfassen (vgl. PIETER/ALBERS, 2012, S.208). Dies wurde im Fall der Klientin anhand von Fragen getan (vgl. PIETER/ALBERS, 2012, S. 208 ff.). So ergibt sich folgendes Bild zur Situationsdarstellung und Situationsanalyse.

Tab. 3: Realitätsüberprüfung (eigene Darstellung)

Situationsdarstellung
Frage 1: Was ist eigentlich das Problem? Das Problem ist zum Einen das Essen über den Energiebedarf der Klientin hinaus, bedingt durch die in der Anamnese beschriebenen psychischen Problemfelder (Verlustängste, Kränkungserlebnisse usw.). Des Weiteren sind die Essanfälle abends und nachts problematisch. Beide Problematiken bedingten die Gewichtszunahme und sind eine Kompensation negativer Gefühle für die Klientin.
Frage 2: In welcher Situation tritt das Problem auf? Wenn sich die Klientin allein gelassen fühlt, überfordert ist mit allen anstehenden familiären und beruflichen Angelegenheiten, sie sich gekränkt fühlt von ihrem Mann und ihrem Chef und/oder sie das Gefühl hat nichts richtig zu machen.
Frage 3: Wie wichtig ist das Problem? Sehr wichtig, da die daraus resultierende Gewichtszunahme einschränkend auf das bereits verminderte Selbstvertrauen wirkt. Auf einer Skala von 1-10 (1=nicht wichtig, 10=sehr wichtig) beurteilt die Klientin das Problem subjektiv mit einer 7.
Frage 4: Was soll so bleiben wie es ist? Mahlzeiten werden ab und zu gemeinsam mit der Familie eingenommen, dies soll so bleiben bzw. häufiger werden.
Frage 5: Wie wird das problematische Verhalten erklärt? Aus der Sicht der behandelnden Klinikpsychologin, erklärt sich das Essverhalten der Klientin als Kompensationsverhalten für negative Gefühle. Werden von Außen Einflüsse auf die Klientin wirksam, die mit Kränkung oder Verlust zu tun haben, werden diese oft, aufgrund von angelerntem Verhalten, mit Essen kompensiert. Alternative Bewältigungsstrategien kannte die Klientin bisher nicht, somit waren Rückzug oder Essen die Folge von solchen Einflüssen. Das Ausbleiben der Essanfälle sowie das Einhalten einer Essstruktur, hier in der Klinik, zeigen, dass ohne Konfrontation dieser Einflüsse normal gegessen werden kann.

Situationsanalyse

Frage 1: Was wurde bisher dafür getan? Was ist dabei herausgekommen?

Die Klientin hat bisher die Abendmahlzeiten gering gehalten, da sie bereits mögliche Essanfälle am Abend einkalkulierte und somit einer weiteren Gewichtszunahme vorbeugen wollte. Außerdem war ihr Bemühen, mit der Familie gemeinsam essen zu können so stark, dass sie auf Familienmitglieder wartete oder sich Vorlieben derer (z.B. Verzicht auf Müslifrühstück, weil die Töchter ein Brotfrühstück bevorzugen), entgegen ihren eigenen Vorlieben, unterordnete.

Frage 2: Was für Gedanken spielen in der Situation eine Rolle?

In beiden Situationen, Essen über den Energiebedarf und Essanfälle, sind positive Gefühle aktiv. Gedanken wie „das brauch ich jetzt", „das tut mir gut", „das gönn ich mir jetzt" spielen während der Nahrungsaufnahme eine Rolle. Ist diese abgeschlossen kommen Gedanken der Reumut, der Selbstkritik und/oder des mangelnden Selbstwertes. Der kurzzeitige Genuss wird demnach bereut.

Frage 3: Wie sehen andere die Situation?

Die Kinder der Klientin sehen die Situation mit Mitgefühl und Verständnis, der Ehemann dagegen eher mit Unverständnis und viel Kritik. Die Essanfälle abends oder nachts finden daher, wenn der Klientin möglich, nicht im Wissen des Mannes statt.

Frage 4: Was wäre, wenn das Problem dabliebe?

Für die Klientin bedeutet die bereits stattgefundene Gewichtszunahme viel Druck. Einerseits, weil sie sich selbst nicht schön findet, andererseits, weil sie als Yogalehrerin nicht mehr so beweglich ist. Die Klientin beschreibt die Situation als „5 vor 12", das heißt, sie möchte das Problem dringend lösen.

Frage 5: Was tun andere, wenn das Problem auftritt?

Wie bereits in Frage 3 der Situationsanalyse beschrieben, ist die Haltung der Familienmitglieder zweigeteilt. Da das Problem fast ausschließlich in der gemeinsamen Wohnung auftritt, spielen auch nur diese Personen eine Rolle. Die Kinder der Klientin handeln in Wort und Tat verständnisvoll und einfühlsam, wenn das Problem auftritt, der Ehemann hingegen verständnislos und kritisierend. Es fallen Wörter wie „schon wieder", „mmmhhh", „reicht es nicht langsam mal" oder „am besten wir kaufen gar kein Eis mehr ein".

Zeitlich betrachtet bedurfte diese Ist-Situationsanalyse 45 Minuten. Inhaltlich gesehen wurde diese Sitzung mit einer Erläuterung begonnen, die Beantwortung der Fragen wurde in eine nette Gesprächsatmosphäre eingebettet, da das Vertrauensverhältnis zwischen Klient und Coach von Bedeutung ist.

2.2.3 Options

Bei „options" geht es darum, Lösungsmöglichkeiten für das bestehende Problem zu finden, die aber nicht vom Coach kommen sollen, sondern alleinig vom Klienten. Dabei ist es wichtig, dass der Coach dem Klienten zutraut eine Lösung zu finden und somit dessen Selbstwirksamkeit fördert (vgl. PIETER/ALBERS, 2012, S. 212). Mithilfe eines angeleiteten Brainstormings trug die Klientin verschiedenste Ideen zusammen, wie sie das anfangs formulierte Endziel, 24 kg in 7 Monaten abzunehmen, erreichen könnte (vgl. PIETER/ALBERS, 2012, S. 212 f.). Das Erreichen des Endziels schließt die Bewältigung des bestehenden Problems (Essen über den Energiebedarf, Essanfälle) mit ein. Im Folgenden die Ergebnisse des Brainstormings.

Tab. 4: Brainstormingergebnis (eigene Darstellung)

Wie kann das formulierte Endziel erreicht und die bestehende Essproblematik gelöst werden?
die psychischen Probleme lösen, sich zügeln, mehr Bewegung, sich auch mal etwas gönnen, mit dem Mann über bestehende Probleme reden, 3x/Tag essen (Essstruktur), wieder selbst und gesund kochen, Einkaufszettel mit der Familie gemeinsam erstellen, abends keine Kohlenhydrate mehr, nichts mehr müssen, sondern können/dürfen, Zeit lassen fürs Abnehmen (ohne JoJo-Effekt)

Im nächsten Schritt soll die Klientin die Ideen streichen, die für die Zielerreichung nicht in Frage kommen oder momentan noch unrealisierbar sind. Außerdem soll sie die übrig bleibenden Ideen nach Umsetzungsreihenfolge priorisieren (1=als erstes, 10=als letztes) (vgl. PIETER/ALBERS, 2012, S. 215).

Tab. 5: Filtern der Brainstormingergebnisse (eigene Darstellung)

1 die psychischen Probleme lösen, **9** sich zügeln, **2** mehr Bewegung, **4** sich auch mal etwas gönnen, ~~mit dem Mann über bestehende Probleme reden~~, **5** 3x/Tag essen (Essstruktur), ~~Essen nach Kalorienzählen~~, **3** wieder selbst und gesund kochen, **6** Einkaufszettel mit der Familie gemeinsam erstellen, ~~hungern~~, **7** abends keine Kohlenhydrate mehr, ~~nichts mehr müssen~~, ~~sondern können/dürfen~~, **8** Zeit lassen fürs Abnehmen (ohne JoJo-Effekt)

Als nächstes soll die Klientin die übrig gebliebenen Ideen auf Umsetzbarkeit, Konsequenzen, Wirksamkeit und das Kosten-Nutzen-Verhältnis hin überprüfen, so dass die Vor- und Nachteile sichtbar werden (vgl. PIETER/ALBERS, 2012, S.215 f.).

Tab. 6: Überprüfung der Brainstormingergebnisse (eigene Darstellung)

	Umsetzbarkeit	Konsequenzen	Wirksamkeit	Kosten-Nutzen-Verhältnis	Durchschnitt
1	3	1	3	5	3
2	1	1	2	3	1,75

3	1	2	1	2	1,5
4	1	2	2	2	1,75
5	3	2	2	2	2,25
6	3	1	1	3	2
7	3	2	2	2	2,25
8	1	1	2	1	1,25
9	3	2	1	5	2,75
Rating von 1-6: 1=sehr gut, 2=sehr schlecht					

*die Ziffern entsprechen der Reihenfolge der übrig gebliebenen Ideen

Zeitlich gesehen hat dieser Abschnitt etwa 45 Minuten in Anspruch genommen, die Klientin musste viel nachdenken und hat weniger spontan geantwortet. Inhaltlich lief es so ab, dass der Klientin eingangs erklärt wurde, was in der Sitzung Thema sein soll und was ein Brainstorming ist. Sie wurde darauf hingewiesen, dass es kein „richtig" oder „falsch" gibt, sondern nur ihre Gedanken. Ihr wurde außerdem das Filtern und später das Rating erläutert.

2.2.4 What

Im Schritt „What" geht es nun darum, mit der Klientin einen Aktionsplan zu erstellen, welcher als fester Fahrplan dienen soll, die Ziele ihrer Wahl eigenständig zu erreichen (vgl. PIETER/ALBERS, 2012, S. 217 ff.). Um eine Idee zu bekommen, welche Schritte nötig sind, werden der Klientin vor der Aktionsplanerstellung folgende Fragen gestellt (vgl. PIETER/ALBERS, 2012, S. 218).

Anmerkung: Folgend werden Maßnahmen geplant, um das anfangs formulierte Endziel zu erreichen.

Tab. 7: Planung der Maßnahmen (eigene Darstellung)

Frage 1: Was wird getan?   Die psychischen Probleme werden angegangen, die Ernährung wird umgestellt und zusätzlich wird 3x wöchentlich Sport getrieben.
Frage 2: Was wird genau getan?   Nach dem Klinikaufenthalt wird die Psychotherapie ambulant fortgesetzt. Die Ernährung wird vollwertig sein und aus vorrangig frischen Lebensmitteln und selbst zubereiteten Mahlzeiten bestehen. Dabei werden vorrangig Lebensmittel mit hoher Nährstoff- und niedriger Energiedichte verzehrt. Das Bewegungsverhalten wird auf 3x wöchentlich á 1 Stunde ausgeweitet.
Frage 3: Was wird genau anders gemacht?   Es wird eine feste Mahlzeitenstruktur geben, d.h. 3 Hauptmahlzeiten. Je nach

zeitlicher Verfügbarkeit wird die Klientin selbst kochen. Die Familie wird in die Mahlzeitenplanung mit einbezogen, indem 1x/Woche alle Familienmitglieder zusammen sitzen und die Mahlzeiten planen. Die Sporteinheiten werden je nach Wetterlage auf der Laufstrecke oder in einem Fitnessstudio abgehalten.

Frage 4: Wann wird es getan?

Psychotherapie: 1x/Woche, Ernährungsumstellung: täglich, Sport: 3x/Woche

Frage 5: Womit müsste begonnen werden?

Da die Psychotherapie nach dem Klinikaufenthalt nahtlos fortgesetzt wird, müsste mit der Ernährungsumstellung begonnen werden.

Frage 6: Welche Hindernisse werden auftreten?

Der Ehemann wird die gemeinsame wöchentliche Mahlzeitenabsprache als nervig und zeitaufwendig empfinden und die regelmäßigen Sporteinheiten werden dann und wann durch Unlust ausfallen.

Frage 7: Wie werden diese überwunden?

Der Ehemann soll die Klientin an einem ambulanten Psychotherapietermin begleiten und durch den Psychologen sensibilisiert werden. Die mögliche Unlust auf die Sporteinheiten soll mit einer Trainingspartnerin überwunden werden, die motivierend auf die Klientin einwirkt.

Frage 8: Wer muss davon wissen?

Alle Familienmitglieder und die Trainingspartnerin.

Frage 9: Wer wird unterstützen?

Die Kinder der Klientin, die Trainingspartnerin und möglicherweise auch der Ehemann (nach einem Gespräch mit dem ambulanten Psychologen).

Frage 10: Welche anderen Überlegungen sind da?

Bei einer Selbsthilfegruppe für Menschen mit Essproblematik Mitglied werden und so weiter Unterstützung zu erhalten.

Frage 11: Wie wahrscheinlich ist es, dass die Handlungen ausgeführt werden? (Skala von 1-10; 1=gar nicht, 10=definitiv)

Psychotherapie: 10, Ernährungsumstellung: 8, Sport: 7

Im nächsten Schritt wird ein konkreter Aktionsplan erstellt (vgl. PIETER/ALBERS, 2012, S. 220).

Tab. 8: Aktionsplan (eigene Darstellung)

Was?	**Wer?**	**Wann?**	**Wie?**
ambulante Psychotherapie	Klientin, Psychologe	jeden Mittwoch ab Klinikentlassung	Psychologe suchen (bereits während des Klinikaufenthaltes), Überweisung vom Hausarzt holen
Mahlzeiten-struktur	Klientin, (Familie)	täglich	Mahlzeitenplanung mit der Familie
kochen (frisch, vollwertig)	Klientin, (Familie)	(wenn zeitlich möglich) täglich ab	Kochbücher kaufen/raussuchen, Mahl-

		Klinikentlassung	zeitenplanung mit der Familie
Sport	Klientin, Freundin	3x/Woche ab Klinikentlassung	Anmeldung im Fitnessstudio, Freundin fragen, Sportkleidung kaufen

Zeitlich betrachtet wurden für diese Stufe 60 Minuten benötigt. Da es nun darum ging konkrete Dinge festzulegen, hat diese Phase etwas länger gedauert. Inhaltlich gesehen wurde der Klientin anfangs wieder alles erläutert. Der Sinn der Maßnahmenplanung wurde erklärt sowie die gestellten Fragen. Danach folgte die Beantwortung derer und die Aktionsplanerstellung.

2.2.5 Zeitlicher Ablauf

Tab. 9: Zeitlicher Ablauf des Coachingprozesses gemäß GROW-Modell (eigene Darstellung)

Prozessstufe	Woche	Tag	Zeitaufwand
Goal	1	Dienstag, 08.01.2013	30 Minuten
Reality	1	Donnerstag, 10.01.2013	45 Minuten
Options	2	Dienstag, 15.01.2013	45 Minuten
What	2	Donnerstag, 17.01.2013	60 Minuten

2.2.6 Gap

Der Vollständigkeit halber sei erwähnt, dass die Stufe „Gap" zum GROW-Modell dazu gehört, im Coachingprozess mit der Klientin jedoch keine reale Anwendung gefunden hat.

Da nicht jedes gewünschte Ziel umgesetzt wird (mögliche Erkrankung, berufliche Mehrbelastung...), ist es wichtig, dass der Coach zwischendrin die Lage überprüft. Die Überprüfung kann mit folgenden Fragen vonstatten gehen (vgl. PIETER/ALBERS, 2012, S. 221).

Tab. 10: Fragen zur Feststellung einer möglichen Zielabweichung (eigene Darstellung)

Zieldefinition überprüfen
Frage 1: Ist das Ziel zu hoch gesteckt?
Frage 2: Ist es noch zu früh das Ziel zu erreichen?

Frage 3: Sollen weitere Teilziele angestrebt werden?
Frage 4: Ist das Ziel attraktiv genug?
Ressourcen überprüfen
Frage 1: Waren die Kenntnisse und Fertigkeiten noch nicht ausreichend?
Frage 2: Wurde das Verhalten/die Einstellung zu wenig eingeübt?
Frage 3: Muss ein Schritt zurückgegangen werden?
Frage 4: Waren die Maßnahmen nicht passend?
Motivation des Klienten überprüfen
Frage 1: Wie ist eine bessere Motivation möglich?
Frage 2: Handelt es sich um einen Ausnahme-Durchhänger oder fehlt die Motivation schon länger?
Frage 3: Ist der eigene Anspruch zu hoch?
externe Ursachen mitberücksichtigen
Frage 1: Gibt es äußere Problemfelder, die als Belastung empfunden werden?

2.3 Maßnahmenplan zur Verhaltensänderung

Ein Maßnahmenplan zur Verhaltensänderung ist eine „Verhaltenstherapeutische Intervention (...)" (PIETER/ALBERS, 2012, S. 132), durch welche erworbenes Fehlverhalten in normales Verhalten umgewandelt werden kann/soll. Spezielle Maßnahmen können bei einer Änderung von Essgewohnheiten zum Einsatz kommen. Für die Klientin wird ein Maßnahmenplan mit den Strategien „Stimuluskontrolle", „Selbstverstärkung" und „flexible Kontrolle" erstellt, da sie sich nach Erläuterung aller Strategien ((Selbstbeobachtung, Stimuluskontrolle, Selbst-/Fremdverstärkung, positive Selbstgespräche, flexible Esskontrolle, Training sozialer Kompetenzen, Rückfallprophylaxe) (vgl. PIETER/ALBERS, 2012, S. 132)) mit diesen drei am ehesten identifizieren konnte. Die Strategien zur Selbstkontrolle im Einzelnen:

<u>Maßnahme 1 - Stimuluskontrolle:</u>

Die Stimuluskontrolle soll mittels „(...) Essverhaltens-Tricks (...)" (PIETER/ALBERS, 2012, S. 134) zu einer Vermehrung des Zielverhaltens führen und gleichzeitig zu einer Verminderung des Fehlverhaltens. Das Zielverhalten der Klientin ist bspw. bewusstes Essen durch Wahrnehmung der verzehrten Lebensmittel/Mahlzeiten, Unterscheidung Hunger/Appetit usw. Fehlverhalten wäre demnach Herunterschlingen von Lebensmitteln/Mahlzeiten, unregelmäßiges Essen, Essen aus Appetit usw. Folgende Essverhaltens-Tricks sollen bei der Klientin künftig zur bewussten Stimuluskontrolle beitragen:

Tab. 11: Essverhaltens-Tricks (eigene Darstellung)

Essverhaltens-Trick	Begründung
am Tisch essen/dem Essen einen guten Rahmen geben	der eingenommenen Mahlzeit wird nicht nur die Bedeutung der „Nahrungsaufnahme" zugeordnet, sondern der Versorgung des Körpers (achtsam mit sich umgehen), das Essen kann bewusst wahrgenommen und genossen werden
Zeit nehmen für das Essen	dem Körper wird Zeit gegeben Sättigung zu melden (nach ca. 15 Min.), das Essen kann bewusst wahrgenommen und genossen werden
feste Mahlzeitenstruktur einhalten (3x/Tag)	Heißhunger wird vermieden, Essanfällen wird vorgebeugt
langsam essen	dem Körper wird Zeit gegeben Sättigung zu melden (nach ca. 15 Min.), das Essen kann bewusst wahrgenommen und genossen werden
stetes „in-sich-hinein-Fühlen", ob Hunger oder Appetit vorliegt	nur soviel essen, wie der Körper benötigt, Essanfällen wird vorgebeugt
sehr sättigende (eiweißreiche) Mahlzeiten am Abend essen	abendlichen Essanfällen wird vorgebeugt

Diese „(...) Stimulus kontrollierenden Elemente (...)" (PIETER/ALBERS, 2012, S. 135) werden Schritt für Schritt in den Alltag der Klientin eingeführt, so dass keine Überforderung und/oder womöglich psychologische Reaktanz (WIKIPEDIA, 2013) die Folge ist. Da die Stimuluskontrolle alleinig wenig wirksam ist, wird sie mit einer weiteren Strategie zur Selbstkontrolle ergänzt, der Selbstverstärkung.

Maßnahme 2 – Selbstverstärkung:

Die Selbstverstärkung „(...) ist eine Form des operanten Lernens (...)" (PIETER/ALBERS, 2012, S. 136), womit sich die Klientin selbst für „(...) erwünschtes Verhalten (...)" (PIETER/ALBERS, 2012, S. 136) belohnen kann. Das Zielverhalten wird demnach verstärkt. Im Fall der Klientin soll das „Token-

Programm" (Belohnungsplan) eingesetzt werden, mit welchem Anreize gesetzt werden, die es lohnenswert machen ein neues Verhalten auszuführen. Da die Klientin sehr gern Dekoartikel in einem bestimmten Ladengeschäft in ihrer Heimatstadt einkauft, soll das Token-Programm auf Einkäufe in diesem Laden ausgerichtet werden. Die Klientin soll sich dazu ein Blatt Papier an den Kühlschrank kleben. Darauf soll für jedes Einhalten neuer Verhaltensweisen/Zielverhalten (z.B. keine abendlichen Essanfälle, 3x/Tag essen, 3x/Woche Sport usw.) ein Smilie-Aufkleber geklebt werden. Wurden 20 Smilies gesammelt, darf sich die Klientin mit einem Einkauf im Wert von 50 € in ihrem Lieblingsgeschäft belohnen. Überwacht werden soll das Ganze von ihrer ältesten Tochter, welche zuhause wohnt. Vorausgesetzt das Zielverhalten wird mehr und mehr umgesetzt, muss nach einer gewissen Zeit das Zielverhalten neu definiert und angepasst werden, für welches es eine Belohnung geben soll.

<u>Maßnahme 3 – Flexible Esskontrolle:</u>

Die flexible Esskontrolle soll als dritte Maßnahme zu einer Verhaltensänderung, hinsichtlich des gestörten Essverhaltens der Klientin, beitragen. Es ist bewiesen, dass eine flexible Esskontrolle mehr Erfolg hat, als die rigide Form der Esskontrolle. Der Klientin wird die Möglichkeit gegeben aus allen Lebensmitteln wählen zu können, sich auch an energiedichten Lebensmitteln, wie Schokolade, bedienen zu dürfen, an Familienfestivitäten auch mal ungezügelt essen zu dürfen oder sich ab und an auch mal mit Lebensmitteln belohnen oder trösten zu dürfen. Die Eigenschaften einer solch flexiblen Handhabung von Esskontrolle sind: Zulassen von Lebensqualität, da strikte Verbote und Einengung nicht gegeben sind, sowie von Handlungsspielraum und Eigenständigkeit. Ein mögliches „Schwarz-Weiß-Denken", „Alles-Oder-Nichts-Verhalten" und/oder eine psychologische Reaktanz wird weitestgehend ausgeschlossen. Im Einzelnen wird bei der Klientin wie folgt vorgegangen: der Energiewert der zugeführten Nahrung eines Beispieltages vor dem Klinikaufenthalt wurde mit dem errechneten Energiebedarf der Klientin verglichen. Zu sehen war, dass der Energiewert dieses Beispieltages etwa 300 kcal über dem Energiebedarf der Klientin liegt, demzufolge befindet sie sich damit in einer positiven Energiebilanz. Ihr wurde folglich ein Ernährungsplan (fungierend als Vorschlag/Richtwert) für einen Wochen- und einen Wochenendtag (beide unterscheiden sich in Tagesablauf und Vorhaben) erstellt, der etwa 500 kcal unter ihrem persönlichen Energiebedarf liegt und die Relation energiearmer und energiedichter Lebensmittel zeigt (Bsp.: Hauptkomponente eines warmen Mittags ist gekochtes Gemüse, gefolgt von fettarmen Fleisch und der geringste Teil bildet die Sättigungsbeilage). Ihr wurde zudem der Energiekreis erläutert, der zeigt in welcher Relation Kohlenhydrate, Eiweiß und Fett gegessen werden sollte und natürlich welche Lebensmittel typische Vertreter dieser Fraktionen sind. Es wurde kein Lebensmittel verboten, es wurde darauf hingewiesen, dass das Maß der ausschlaggebende Punkt ist und Lieblingslebensmittel der Klientin (Walnusseis) wurden durch energieärmere Vorschläge ersetzt (Magerquark mit etwas gerösteten Walnüssen). Schlemmertage 1x/Woche wurden ebenfalls eingeplant, an denen die Klientin all diese Lebensmittel verzehren darf, auf die sie sonst verzichtet. Somit ist eine flexible Esskontrolle gegeben.

2.4 Maßnahmenplan zur Rückfallprophylaxe

Da sich die Klientin im Coachingprozess für ein bestimmtes Zielverhalten entschieden hat, erwartet sie selbst und ihr Umfeld nun auch, dass mit möglichen Versuchungen (Abweichung vom Zielverhalten) kompetent umgegangen werden kann (Kompetenzerwartung). Da sich die Klientin jedoch von Zeit zu Zeit in Risikosituationen (z.B. Ärger, Depressionen, zwischenmenschliche Konflikte, Gruppendruck) befinden kann, welche in fast dreiviertel aller Fälle die klassischen Rückfälle auslösen, sollte für diese eine prophylaktische Bewältigungsstrategie erarbeitet werden. (vgl. PIETER/ALBERS, 2012, S. 145).

Somit wird dieser Maßnahmenplan Teil des Beratungsprozesses und kann individuell zu Beginn der Beratung, während der Beratung und/oder nach der Beratung eingebaut werden. Im Fall der Klientin werden drei Strategien erarbeitet, die nach dem Coachingprozess Anwendung finden. Die Strategien zur Rückfallprophylaxe im Einzelnen:

<u>Maßnahme 1 – Folgetreffen:</u>

Dadurch, dass die Klientin gerade in einer Klinik ist, welche nicht in der Nähe ihres Wohnortes liegt, müssen Folgetreffen durch Ernährungsberater an diesem Ort stattfinden. Dies wird sowohl mit der Klientin, als auch mit dem künftigen

Ernährungsberater abgesprochen und eingeleitet (ein Ernährungsberater wird mit der Klientin gemeinsam bereits in der Klinik rausgesucht). Die Folgetreffen sollen fest monatlich eingeplant werden, aber auch stattfinden, wenn der Impuls von der Klientin ausgeht (bspw. bei Fragen oder in Risikosituationen). Inhalt der Folgetreffen soll die Überprüfung der gesetzten Ziele sein, wie auch allgemein das Besprechen der derzeitigen Lage und Motivation. Dadurch wird ein ständiges Auseinandersetzen mit dem Thema und eine Erhöhung der Compliance der Klientin erzeugt.

<u>Maßnahme 2 – Bewegung:</u>

Da die Klientin nach dem Klinikaufenthalt 3x/Woche Sport treiben und sich in einem Fitnessstudio anmelden möchte, ist es von Bedeutung die absolvierte Bewegung zu kontrollieren, diese an den Leistungszustand anzupassen und stets zu steigern. Dies muss durch den Ernährungsberater oder den Fitnesstrainer vor Ort erfolgen. Dies wird sowohl mit der Klientin, als auch mit dem künftigen Ernährungsberater abgesprochen und eingeleitet. Da die Klientin noch nicht weiß, in welchem Fitnessstudio sie künftig Mitglied sein möchte, kann diese Maßnahme nicht mit einem Fitnesstrainer speziell abgesprochen werden. Durch die Bewegungssteigerung wird die Klientin gemäß Trainingsplan an ein weiteres Ziel „gebunden" und somit in ihrem Zielverhalten fester verankert.

<u>Maßnahme 3 – Selbstverstärkung:</u>

Auch im Maßnahmenplan zur Rückfallprophylaxe soll sich die Strategie Selbstverstärkung wiederfinden. Das, was die Klientin zur Verhaltensänderung eingeführt hat, soll weitergeführt werden. Das bereits in Punkt 2.3 beschriebene „Token-Programm" soll bis auf weiteres durch Belohnungen das erwünschte Verhalten (Zielverhalten) verstärken. In den Folgetreffen mit dem heimatnahen Ernährungsberater soll die Belohnung stetig angepasst werden, da diese immer ein großer Anreiz bleiben soll. Auch das Zielverhalten, wofür Smilies gesammelt werden, soll stets neu definiert werden. Wird anfangs der Verzicht auf Walnusseis am Abend mit einem Smilie belohnt, jedoch trotzdem eine energieärmere Variante (Magerquark mit gerösteten Walnüssen) verzehrt, soll es irgendwann für dieses „Schema" keinen Smilie mehr geben. Der Grund dafür ist, das Ziel der Klientin, abends nach dem Abendessen gar nichts mehr zu essen/essen zu müssen.

3 Darstellung einer Coaching-Sitzung

3.1 Coachinghaltung und Gesprächsführung

Dem Coachingprozess geht die Gesprächstherapie voraus, welche eine Form der humanistischen Psychologie ist. Danach sind die Menschen in ihren Ansichten, Haltungen und Auffassungen grundverschieden und haben das Recht auf freie Entscheidung. (vgl. PIETER/ALBERS, 2012, S. 161).

Weiterhin geht man davon aus, dass jeder Mensch genug Fähigkeiten besitzt, um Situationen „(…) zu analysieren und Lösungen für seine Probleme zu erarbeiten." (PIETER/ALBERS, 2012, S. 161). Der Coach soll also nur Hilfe zur Selbsthilfe geben. Das Besondere an der Coachinghaltung ist, dass der Klient mit seinen Bedürfnissen, Gefühlen, Fähigkeiten etc. im Mittelpunkt steht und der Coach seine eigenen Überzeugungen, Ansichten und Meinungen zurückhält. Durch Anregung, Zuwendung und Wertschätzung soll es dem Klient möglich gemacht werden, sich selbstreflektorisch und selbstverantwortlich seinem Problem zu nähern und es anzugehen. Dies schafft ein Coach nur mit beispielsweise bedingungsloser Wertschätzung und genügend Empathie. (vgl. PIETER/ALBERS, 2012, S. 165).

Bedingungslose Wertschätzung heißt, dem Klienten werden keine Vorurteile angehängt, er wird in keine „Schubladen" gesteckt und ihm wird neutral und freundlich gegenübergetreten. Durch Empathie wird dem Klienten Verständnis für jegliche Situation entgegengebracht, sei sie für den Coach noch so abwegig oder schwer nachvollziehbar. Diese Coachinghaltung wird auch klientenzentrierter Ansatz genannt und auch in der Gesprächsführung sollte die Kommunikation nach diesem Ansatz verlaufen. Drei mögliche Kommunikationstechniken sind das aktives zuhören, Ratschläge vermeiden und empathisches spiegeln (vgl. PIETER/ALBERS, 2012, S. 170). Aktives zuhören bedeutet nicht nur auf Gehörtes mit „mmhh" oder „aha" oä. zu antworten, sondern konzentriert sein (nicht mit dem Kuli spielen) und/oder Gesprächspausen zulassen und/oder mit Mimik und Gestik auf das Gehörte zu reagieren (lächeln, erschrocken gucken, dem Klienten in die Augen schauen). Subjektive Ratschläge sollten nicht gegeben werden, da dann Entscheidungen herbeigeführt werden könnten, die nach einer Idee des Coaches entstanden ist. Das ist insofern kritisch, da der Coach dann für mögliche

Konsequenzen dieser Entscheidung verantwortlich wäre. Der Coachingprozess ist eine Hilfe zur Selbsthilfe, eigene besserwissende Ratschläge sollen keine Anwendung finden. Beim empathischen spiegeln geht es darum, den emotionalen Inhalt des Gesagten zu wiederholen. Damit kann der Coach überprüfen, ob dieser Inhalt richtig bei ihm angekommen ist und verstanden wurde. Es ist von großer Bedeutung einen Klienten an der Stelle „abzuholen", an der er steht, heißt, dass auf Gefühle Rücksicht genommen wird.

3.2 Sitzungsbeispiel

Im Folgenden wird eine Sitzung mit der Klientin näher erklärt. In dieser Sitzung ging es um die „Options", sie dauerte etwa 45 Minuten. Die Klientin wurde an der Rezeption des Klinikhauses begrüßt, in Empfang genommen und in das Büro begleitet. Dort wurde sie zunächst nach ihrem allgemeinen Befinden und ihrer derzeitigen Stimmung gefragt. Sie gab an sich soweit wohl und gut zu fühlen. Ihr wurde danach erklärt, dass nun der Schritt folgt, sich über Lösungsmöglichkeiten des bestehenden Problems Gedanken zu machen. Lösungsmöglichkeiten für die Zeit nach dem Klinikaufenthalt. Ihr wurde erklärt, dass dieses Ideenzusammentragen in der lockeren Form eines Brainstormings abläuft (diese Form wurde ihr außerdem erklärt). Danach bekam die Klientin Zettel und Stift und wurde gebeten etwa 10 Ideen niederschreiben, mit denen sie ihre Essproblematik besiegen könnte. In der Zeit in der sie schrieb und überlegte wurde sie nicht beobachtend „angegafft". Vielmehr saß der Coach zurückhaltend, aber Hilfsbereitschaft aussendend und aufmerksam der Klientin gegenüber. Sie hatte keine Fragen und zeigte, als sie fertig war, ihr Ergebnis. Nun wurde ihr erklärt, dass sie all die zusammengetragenen Ideen zur Problemlösung nach Umsetzungsfähigkeit und -reihenfolge mittels Ziffern durchnummerieren sowie undenkbare Ideen streichen soll. Wieder wurde ihr Zeit gegeben. Sie überlegte oft und wägte ab, als sie fertig war, zeigte sie wiedermals das Ergebnis. Um sicher zu gehen, dass es diese Ideen definitiv sein sollen, wurden der Klientin alle vorgelesen. Da sie nichts einzuwenden hatte und weiterhin zu ihrem Ergebnis stand, wurde ihr erläutert wozu das Rating nötig sei. Wieder bekam sie Zeit, um nach den oben aufgeführten Kriterien ihre Ideen zu überprüfen. Dadurch wurde ihr verdeutlicht, welche Ideen ihr unbewusst am wichtigsten sind und am ehesten durchführbar und welche nicht. Sie wurde somit auf mögliche Herausforderungen vorbereitet. Ihr wurde gesagt, dass sie die gesammelten Ideen in der Rating-Reihenfolge nochmals sauber auf ein Blatt Papier schreiben und es gut sichtbar im Klinikzimmer aufhängen soll. Dadurch kann sie sich Schritt für Schritt mit den Lösungsideen identifizieren und darauf vorbereiten. Ziel dieser Sitzung war es, neben der Ideenfindung, auch die Entscheidungsfreudigkeit zu fördern und das Bewusstwerden, dass die Klientin Verantwortung für das bestehende Problem übernehmen muss. Das Ergebnis ist eine selbst erarbeitete Ideensammlung von Lösungsvorschlägen, welche ohne Ratschläge oder Vorschläge des Coaches herbeigeführt wurden.

<u>Auszüge aus dem Gespräch während der Sitzung:</u>

Coach: *„Ich gebe Ihnen nun ein Blatt Papier und einen Stift und möchte Sie bitten Ihre spontanen Gedanken zur Frage: „Welche Lösungsmöglichkeiten haben Sie zuhause, um abendliche Essanfälle zu vermeiden und nicht mehr zu essen, wenn Sie eigentlich satt sind?"aufzuschreiben.*

Klientin: *„Puh, ich weiß da gerade nicht, was ich da hinschreiben soll. Können Sie mir nicht helfen Ideen zu finden?"*

Coach: *„Ich verstehe, dass es Ihnen nicht leicht fällt momentan an konkrete Lösungsmöglichkeiten für die Zeit daheim zu denken, da Sie hier viele andere Themen bearbeiten. Geben Sie sich einen Moment Zeit. Ich weiß, dass Sie das gut können, zumal Sie mir schon viele Ideen in den letzten Treffen genannt haben. Werden Sie sich noch einmal bewusst, wie stark sie das derzeitige Übergewicht beeinträchtigt."*

(...)

Klientin: *„Ja, endlich wieder gemeinsam mit den Kindern und meinem Mann über dem Einkaufszettel und der Wochenplanung brüten."*

Coach: *„Das macht Sie fröhlich. Sie lächeln."*

Klientin: *„Ja! Weil wir das früher immer gemacht haben. Jeder konnte sich einbringen. Wir waren wie ein Team. Und ich durfte das Essen zubereiten. Das macht mir auch Freude."*

Coach: *„Sie möchten gern wieder gebraucht werden? Mutter sein dürfen?"*

(...)

4 Ergebnisbewertung und Schlussfolgerungen

Die Klientin schätzt das Ergebnis dieses gesamten Coachings als wegweisend und motivierend für sich selbst ein. Sie gab zu verstehen, dass sie mit der Bearbeitung der Fragen „Warum esse ich zu viel?", „In welchen Situationen neige ich zu Essanfällen?", „Wie kann das Essproblem angegangen werden?" und „Wen und was brauche ich dazu?" zwar einerseits „in ein neues Wespennest gestochen hat", aber andererseits auch nun ein Anfang getan ist. Die Klientin fühlt sich gestärkt durch die Selbsterarbeitung von Lösungsmustern und motiviert durch den Coach. Aus Coachsicht ist die Lösungsbereitschaft, der Wille das bestehende Problem zu lösen, gegeben. Einschränkend wirkt sich die Thematik rund um ihren Ehemann, auf die Fähigkeit das Essproblem zu lösen, aus. Es ist spürbar, dass die Klientin Angst hat vor Situationen, in denen sie eigentlich Unterstützung benötigt (gerade im Hinblick auf das Essen), jedoch vermutlich nur wieder Unverständnis ihres Mannes entgegengebracht bekommt. Das ließ sie bei dem ein oder anderen Lösungsvorschlag zögern, sie ist aber entschlossen alles zu versuchen. Dadurch, dass eine nur dreiwöchige Betreuung der Klientin möglich war (6 Wochen Klinikaufenthalt, nach 3 Wochen Klinikkaufenthalt gab es den ersten Kontakt, initiiert von ihr), konnten bislang nur wenige Verhaltensänderungen sichtbar werden. Es sei angemerkt, die Klientin hat diverse andere Probleme auf psychischer Ebene zu bearbeiten und ist nicht wegen dem Essproblem in unserer Klinik. Trotzdem konnte wenigstens während des Klinikaufenthaltes eine Mahlzeitenstruktur eingehalten werden (3x/Tag essen), mit der sich die Klientin wohl fühlt. Weiterhin aß die Klientin stets am Tisch und nur bei bestehendem Hunger und nahm sich Zeit für die Mahlzeiten. Diese vier Verhaltensweisen sind durchaus freiwillig passiert, nicht durch Druck oder Rahmenbedingungen der Klinik. Alle Patienten können nämlich auch außerhalb der Klinik essen, Mahlzeiten ausfallen lassen uä. Das ist dem Umstand geschuldet, dass in der Klinik alle Patienten weiterhin „freie Menschen" sind. Die abendlichen Essanfälle sind kein einziges Mal aufgetaucht, was wiederum verdeutlicht, dass kritische Situationen zuhause dazu führen. Von daher ist das Ausbleiben dieser Essanfälle noch nicht zu einer Verhaltensänderung zu zählen. Die Gesprächsatmosphäre war stets respektvoll und ruhig. Dadurch, dass der Klientin Verständnis entgegengebracht wurde, fasste sie Vertrauen, was wiederum zu einer entspannten Gesprächsatmosphäre beitrug.

<u>Die eigenen Schlussfolgerungen im Einzelnen:</u>

- ich behalte die zeitliche Planung von 60 Minuten für das Eingangsgespräch weiter bei ➜ Vertrauen schaffen braucht Zeit, Situationen und Umstände erklären ebenso,

- ich führe weiterhin eine Ernährungsanamnese durch, welche ich auswerte und den Klienten im nächsten Termin erläutere ➜ ein ungefähres Abbild des Essverhaltens wird deutlich, Diätlügen und Unwissen wird sichtbar,

- ich werde weiterhin alle Klienten vorbehaltlos in Empfang nehmen ➜ die Erfahrung zeigt, dass Patienten mit unterschiedlichsten Traumata, Krankheitsbildern und Schicksalsschlägen in die Klinik kommen,

- ich würde das Rating in der Phase „Options" in Zukunft weglassen ➜ für Klienten ist die Ideenfindung schwer genug, diese dann noch nach bestimmten Kriterien zu „raten" empfinde ich persönlich als Überforderung,

- ich finde die Erfahrung, ein Coaching konkret durchgeführt zu haben, absolut positiv, da ich gemerkt habe, wie schnell ich in eine Beraterrolle falle

5 Literaturverzeichnis

BUNDESZENTRALE FÜR GESUNDHEITLICHE AUFKLÄRUNG: Binge-Eating-Störung. Online im Internet: http://www.bzga-essstoerungen.de/index.php?id=31 [Stand: 02.04.2013]

PIETER, A./ALBERS, T.: Ernährungspsychologie. Unveröffentlichtes Studienmaterial der Deutschen Hochschule für Prävention und Gesundheitsmanagement, Saarbrücken 2012.

WIKIPEDIA: John Whitmore. Online im Internet: http://de.wikipedia.org/wiki/John_Whitmore [Stand: 12.01.2013].

WIKIPEDIA: Overeating. Online im Internet: http://en.wikipedia.org/wiki/Overeating [Stand: 02.04.2013]

WIKIPEDIA: Reaktanz (Psychologie). Online im Internet: http://de.wikipedia.org/wiki/Reaktanz_(Psychologie) [Stand: 02.04.2013]

WORLD HEALTH ORGANIZATION: BMI classification. Online im Internet: http://apps.who.int/bmi/index.jsp?introPage=intro_3.html [Stand: 02.04.2013]

6 Tabellenverzeichnis

6.1 Tabellenverzeichnis

BEI GRIN MACHT SICH IHR WISSEN BEZAHLT

- Wir veröffentlichen Ihre Hausarbeit,
  Bachelor- und Masterarbeit

- Ihr eigenes eBook und Buch -
  weltweit in allen wichtigen Shops

- Verdienen Sie an jedem Verkauf

Jetzt bei www.GRIN.com hochladen
und kostenlos publizieren